DISSERTATION

SUR

LA MÉDECINE

ET

LE MAGNÉTISME.

PARIS. — IMPRIMERIE DE G. DOYEN,
RUE SAINT-JACQUES, N. 38

DISSERTATION

SUR

LA MÉDECINE

ET

LE MAGNÉTISME.

TRIOMPHE DU SOMNAMBULISME.

PAR M. B. D.

A PARIS,

CHEZ L'HUILLIER, ÉDITEUR,

COUR DE ROHAN, N° 3, PRÈS CELLE DU COMMERCE ;

ET CHEZ LES MARCHANDS DE NOUVEAUTÉS.

1826.

A

MONSIEUR J. LEMAIRE,

CAPITAINE EN RETRAITÈ.

O vous qui, par votre étonnante lucidité, avez fixé mon opinion sur l'inconcevable phénomène du magnétisme, par les cures nombreuses et merveilleuses que je vous ai vu opérer; ô vous qui, par vos sublimes instructions, m'auriez ramené à la vertu, si je m'en étais écarté, et à la connaissance de la Divinité si j'avais eu le malheur de ne pas croire à son existence; ô vous enfin qui pratiquez, lorsque vous êtes éveillé, l'humanité et la bienfaisance que vous recommandez dans votre sommeil mystérieux à tous ceux qui viennent chercher auprès de vous des soulagements à leurs infirmités, veuillez agréer la dédicace d'un ouvrage que votre fréquentation m'a inspiré.

Je suis avec la plus grande admiration,

Monsieur,

Votre très-humble et obéissant serviteur,

B. D.

DISSERTATION
SUR LA MÉDECINE

ET

LE MAGNÉTISME.

TRIOMPHE DU SOMNAMBULISME.

Il faut, avant toutes choses, songer à la santé, la vie n'étant qu'un dépôt que l'auteur de la nature nous a confié.

Je tiens ce précepte d'un *somnambule :* il est inné en nous; rien ne le prouve plus que l'inquiétude qui nous tourmente au moindre malaise dont nous sommes atteints: Si l'on en contestait la vérité, le grand nombre de personnes qui s'occupent de l'art de guérir suffirait pour l'établir d'une manière incontestable; et c'est avec raison que cet art est considéré comme l'un des plus honorables et des plus utiles à la société. Au reste, annonce-t-on quelque nouveau moyen, ou quelque découverte pour conserver ou rétablir la santé, on l'accueille avec le plus vif empressement, tant le genre humain a la destruction en horreur !

Parmi les remèdes, sans nombre, mis en usage pour détruire les maux auxquels l'homme est sujet, il en est de salutaires et de pernicieux. Il arrive même souvent que ceux qui sont regardés comme salutaires, et qui le sont réellement, deviennent nuisibles par la fausse application qu'on en fait. La fréquence de semblables accidents a donné naissance à la surveillance que tous les gouvernements policés exercent, plus ou moins, sur les personnes qui se mêlent de la guérison des maladies, et sur les remèdes qu'ils emploient. C'est à cette utile et louable surveillance que la noble profession de médecin doit son origine.

Les médecins sont soumis à de longues études, à des examens sévères, avant d'obtenir l'autorisation de se livrer au soulagement de leurs semblables.

Tous ceux qui n'ont pas subi les épreuves de cette initiation sont réprimés avec rigueur. D'après la loi, les médecins porteurs d'un diplôme qui atteste leur capacité sont seuls autorisés à venir au secours de l'humanité souffrante. Il est vrai qu'ils en ont seuls le droit légal; mais c'est une erreur de croire qu'ils soient les seuls capables de remplir cet honorable et utile ministère. C'est ce que je me propose de démontrer dans cet écrit. Pour atteindre plus facilement mon but, il est indispensable que j'entre dans quelques détails sur les savants de l'antiquité avant de m'expliquer sur nos docteurs privilégiés et exclusifs.

Savants de l'antiquité.

Si, dans ce prétendu siècle de lumières, nous daignions rendre justice aux anciens et étudier les doctrines qu'ils nous ont transmises, nous commencerions d'abord par acquérir la conviction que nous leur sommes redevables du peu de connaissances que nous avons et dont nous sommes si orgueilleux, et ensuite que la nature n'avait point de secrets pour eux. Pour ces véritables médecins, il n'y avait de maladies incurables que lorsque les organes des malades étaient usés et débilités au point que leur destruction en devenait une suite inévitable.

La science des anciens n'est pas perdue, elle n'est que délaissée et méprisée par nos faux savants. Elle existe dans une foule d'écrits rares et précieux que l'indifférence et l'ignorance tiennent relégués dans le fond des boutiques de nos bouquinistes. Ces précieux trésors se trouvent dans tous les pays; il y en a qui datent d'une époque antérieure à celle d'Homère; et, chose aussi singulière que remarquable, c'est que les sages auteurs de ces ouvrages sont tous d'accord dans la vraie doctrine, quoiqu'ils aient écrit à différentes époques et dans diverses langues.

L'homme naît avec la passion d'acquérir des

connaissances. A peine commence-t-il à balbutier qu'il harcelle de questions ceux qui l'entourent ; à peine sa raison commence-t-elle à se développer que ces questions se compliquent et deviennent souvent embarrassantes : ce qui prouve qu'il y a en nous autre chose qu'une matière crasse et grossière. Ah! si l'on savait tirer parti de pareilles dispositions, avec quelle rapidité nous verrions marcher le genre humain à la véritable civilisation, qui ne peut venir que des lumières et se maintenir que par elles seules! En effet, plus l'homme est plongé dans l'ignorance, plus il est féroce et barbare. Mais, hélas! cette tendance qui nous entraîne vers l'instruction fait le tourment de certains partis insensés qui font tous leurs efforts pour arrêter cet élan naturel, et replonger la société dans les ténèbres qui sont la source de tous les malheurs auxquels les nations sont en proie. Là où la lumière pénètre, l'obscurité disparaît : là où il y a de l'instruction, l'arbitraire, la tyrannie et l'injustice ne peuvent exister, parce que les peuples comprennent qu'ils ne sont pas nés pour les menus plaisirs d'une poignée d'impudents orgueilleux. Voilà la cause des persécutions qu'éprouvent journellement non-seulement l'enseignement mutuel, mais encore tous les hommes à talents qui veulent propager l'instruction.

Le penchant qui nous porte vers les connaissances ne peut être contesté ; quoiqu'il soit , pour ainsi dire , général , combien peu sont capables de méditer jour et nuit des recueils couverts de mépris et de poussière ! Il faut convenir que les anciens ont été obligés d'envelopper la vérité sous des voiles si épais, des emblèmes et des allégories si obscurs, que l'esprit le plus subtil n'en saurait pénétrer l'obscurité que par le travail le plus opiniâtre, que par une constance et une détermination au-dessus des forces de la plupart de ceux qui cherchent à s'élever au-dessus de la sphère ordinaire. Beaucoup se rebutent à la première lecture, et traitent d'imposteurs et de charlatans des philosophes que leurs contemporains avaient en vénération. Telle est la manie des ignorants et des demi-savants ; ils sont tranchants dans leurs jugements ; ce qu'ils ne comprennent pas , ils le proclament fabuleux, et les plus grands hommes de l'antiquité ne sont à leurs yeux que des rêveurs. Quelle différence entre ces esprits superficiels et l'homme véritablement instruit ! Celui-ci ne dit jamais que ce qu'il ne comprend pas ne peut avoir de réalité. Dans la foule des exemples que je pourrais citer, je me bornerai, pour ne pas trop m'écarter de mon sujet, à rappeler celui de l'immortel Buffon. Cet exemple doit avoir d'autant plus de poids qu'il est plus rapproché de nous.

On lit dans plusieurs historiens de l'antiquité

que la flotte des Romains avait été incendiée sous les murailles de Syracuse au moyen de miroirs ardents. Ce fait extraordinaire avait été mis, jusqu'à ce jour, au rang des fables : tout en convenant qu'Archimède était un des plus grands génies des temps anciens, on soutenait l'impossibilité de l'action mémorable qu'on lui attribuait.

Je me rappelle d'avoir lu une longue dissertation à ce sujet, dont la conclusion était qu'il fallait placer cette merveille au rang des chimères.

Le grand naturaliste dont la France s'honore à juste titre doutait et ne décidait pas : son esprit était continuellement occupé de ce problème. De même qu'Archimède, par un léger mouvement qu'il fit dans son bain, conçut les données nécessaires pour résoudre le fameux problème de la couronne de Hyéron ; de même trois mots latins (*multiplicatâ imagine solis*) suffirent au Pline français pour retrouver la découverte d'Archimède, perdue depuis si long-temps. Ces trois mots latins furent pour lui un trait de lumière. Il mit la main à l'œuvre, et bientôt, en présence de tous les savants de la capitale, il fit des choses plus merveilleuses encore que l'incendie de la flotte des Romains devant Syracuse, avec le secours de plusieurs miroirs arrangés de manière que tous leurs rayons venaient se réunir sur un même point.

Je reviens à mon sujet : j'ai à prouver que nos

médecins modernes ne sont pas les seuls capables
de nous soulager et de nous guérir dans nos souffrances.

Médecins modernes.

En rendant justice à nos médecins modernes;
en déclarant que le zèle, la philanthropie et le
désintéressement de la plupart d'entre eux sont
au-dessus de tous les éloges, je soutiens, d'accord
avec tous les observateurs attentifs, qui ne jugent
ni sur les apparences, ni d'après les préjugés, que
leur science n'est fondée ni sur une base ni sur
des principes certains : rien ne le prouve mieux
que les différents systèmes qu'ils adoptent et rejettent tour à tour. S'il était vrai que l'art médical
fût une science positive comme les autres sciences
exactes, nous la verrions faire des progrès et non
rester stationnaire. Elle ne fait que se traîner sous
l'empire de la mode : tantôt la saignée, tantôt les
purgatifs sont en vogue, etc. Les trois règnes de
la nature ont tour à tour été mis à contribution.
Combien de fois le système d'Hippocrate n'a-t-il
pas été abandonné et repris? Les auteurs qui écri-
vent sur les mathématiques peuvent s'expliquer
différemment, mais ils ne se contredisent jamais.
Voit-on quelque concordance dans les ouvrages
qui traitent de la médecine? Appelez plusieurs

médecins auprès du même malade les uns après les autres, leurs ordonnances seront toutes différentes. Ces incertitudes et ces variations ne justifient-elles pas la plaisante critique du père de la comédie, *Hippocrate dit oui et Galien dit non?*

La chirurgie est une branche de l'art de guérir : si elle n'est pas stationnaire, si elle marche rapidement vers la perfection, c'est qu'elle est fondée sur des principes certains, avantage dont la médecine est privée.

Il demeure constant que les médecins ne peuvent pas acquérir de grandes connaissances dans la théorie qu'on leur enseigne dans les écoles; mais en revanche une grande et longue expérience peut y suppléer : aussi a-t-on dit de tout temps, *vieux médecin et jeune chirurgien.* En effet le médecin qui a vieilli dans l'exercice de l'art de guérir, surtout s'il a été bon observateur, est un homme bien précieux pour l'humanité; ce long exercice et cette expérience lui ont appris ce qu'il n'aurait pu trouver dans les théories vulgaires. Je ne prétends pas refuser aux jeunes praticiens les avantages que j'accorde aux anciens, car tout le monde sait que dans les grandes villes, et principalement à Paris, les jeunes docteurs studieux qui fréquentent les hôpitaux remplis de malades attaqués de toute espèce de maladies peuvent en peu de temps avoir l'expérience, et acquérir, sous la

direction des plus habiles maîtres, les connaissances qu'ils n'auraient acquises qu'après une
longue suite d'années.

Après avoir démontré que la médecine n'était
point une science positive, qu'elle n'était pas fondée sur des principes certains, il me reste à prouver que les médecins ne peuvent marcher d'un
pas plus assuré dans l'emploi des médicaments
dont ils se servent.

Mon intention n'étant pas de chercher à décré-
diter une profession utile et honorable, et encore
moins de jeter de la défaveur sur les hommes recommandables qui l'exercent, il convient que je
fasse connaître les motifs de mon opinion : cela
demanderait une très-longue explication et des
développements que je ne puis, pour le moment,
mettre tous sous les yeux du lecteur. Cependant,
comme je n'ai pas la prétention de vouloir être
cru sur parole, je ne puis me dispenser de donner
les raisons qui m'ont déterminé à heurter de front
les préjugés du jour.

Médicaments et causes des maladies.

C'est dans les trois règnes de la nature que la
médecine va chercher les remèdes dont elle fait
usage. C'est là principalement que se manifeste
cet esprit agissant et vivifiant qui produit, nour-

rit, conserve et détruit toutes les substances à la naissance desquelles il a présidé, et qui périssent aussitôt qu'il les abandonne. L'homme et les autres animaux lui doivent leur existence; les herbes et les plantes n'en sont point dépourvues. Si l'on niait cette vérité, je demanderais que l'on m'expliquât dans quelles vues les médecins en font usage dans la composition de la plupart de leurs remèdes? Les métaux et les minéraux contiennent également dans leur centre cet *esprit subtil et impalpable* qui contient toute leur vertu et toute leur puissance. Il demeure constant que c'est des trois règnes de la nature que les médecins tirent les médicaments aux moyens desquels ils croient pouvoir guérir les maladies qui affligent l'humanité; car c'est cet esprit agissant, subtil et vivifiant qui peut seul produire les effets salutaires qu'ils veulent opérer; mais il ne peut devenir un *remède* efficace qu'autant qu'il sera débarrassé de toute impureté : c'est là le travail d'*Hercule*. Beaucoup de médecins anciens, et même quelques-uns parmi les modernes, ont connu ce travail. Le médecin qui en aurait la connaissance n'aurait pas besoin de surcharger sa mémoire du nom de tant de maladies, de systèmes et de *récipés*, il parviendrait à arracher des enveloppes où elle est emprisonnée cette quintessence qui vivifie et conserve tout : il ne prescrirait jamais rien de contraire à la nature, et il en serait le réparateur. Ce n'est que parce que ceux qui s'occupent de la préparation des remèdes ne savent pas faire, suivant les règles qu'elle prescrit, la séparation du pur d'avec l'impur, que les remèdes sont si peu efficaces.

L'art d'extraire des corps où il est renfermé un esprit dégagé de toute impureté n'est pas la seule connaissance qui manque au plus grand nombre des médecins. Ils ne sont pas plus expérimentés dans la connaissance des véritables causes des maladies. Une semblable allégation serait digne du plus grand mépris, si elle n'était appuyée des preuves les plus convaincantes.

Avant de parler des causes des maladies, il est nécessaire que je dise un mot sur la constitution de l'homme; le détail, quoique abrégé, dans lequel je vais entrer ne contribuera pas médiocrement à rendre mes raisonnements plus sensibles.

Cet axiome est incontestable : *ex quo aliquid fit in illud resolvitur* (tout se réduit aux éléments qui l'ont formé). En effet, que reste-t-il de l'homme après sa mort? il se décompose, et cette décomposition ne produit que de la terre, de l'eau et du sel renfermé dans la terre. *L'esprit vital, aérien, cette essence divine* qui lui donnait la vie, s'est évanouie dans les airs pour se joindre à cet esprit universel qui engendre, qui produit et conserve tout : elle n'en était qu'une émanation.

Tant que cet *esprit vital* conserve dans l'homme sa pureté, tant qu'il n'est pas arrêté dans ses fonctions par des féces grossières et impures qui l'enveloppent, il conserve sa mobilité, il pénètre dans les replis les plus cachés du corps ; sa présence et son action se font sentir, quoiqu'il ne soit ni palpable ni visible : en effet, abandonne-t-il un membre par quelque accident que ce soit, le membre perd aussitôt son mouvement, sa sensibilité, et meurt, si cet esprit ne lui est restitué par quelque médicament qui le rétablisse dans son premier état.

Cet *esprit vital* n'est nourri, alimenté et conservé que par le soufre humain qui domine dans le sang par le moyen duquel il rend la substance parfaite dans tous le corps. Tandis qu'il conserve son action, il nous maintient en santé ; mais lorsque la féculence des aliments que nous prenons, ou de l'air malsain que nous respirons, vient à le surmonter, à l'opprimer, il n'a plus alors la force de rejeter les impuretés grossières, cause de nos maladies et de notre destruction.

Ce serait vouloir nier la lumière que de ne pas convenir que cet *esprit agissant et vivifiant* est renfermé dans toutes choses, qu'il les nourrit et les conserve ; qu'il est partout ; que les animaux, les végétaux et les minéraux en sont remplis. Les calcinations, les extractions, les infusions ordonnées par les médecins, sont une preuve que par ces opérations ils espèrent obtenir une *quintessence* capable d'opérer la guérison des maladies ; mais celle qu'ils obtiennent par des manipulations fausses n'est pas la véritable : elle est tellement chargée d'impuretés, qu'elle n'a pas assez de force pour devenir un remède salutaire ; et il arrive quelquefois, même souvent, qu'elle occasione des crises au moyen desquelles la nature se débarrasse, ou bien le malade succombe. Si cette *essence* était depouillée de toutes ses impuretés, elle ne serait jamais nuisible.

Les remèdes dont on fait ordinairement usage produisent souvent les plus graves accidents, parce qu'ils ne sont pas préparés suivant les règles de la nature. Si nous considérions cependant attentivement ce qui se passe en nous, nous pourrions parvenir à l'imiter : nous verrions que des aliments que nous prenons, une bien petite partie, en s'unissant à l'*essence vitale*, sert à notre accroissement et à notre conservation ; que celles qui ne sont pas propres à se transmuer en notre substance sont rejetées de nos corps comme des excréments, par les voies ordinaires ; et de ces parties rejetées les unes servent à l'accroissement des végétaux, et les autres à celui des minéraux ;

ainsi rien ne se perd et n'est inutile dans la nature.

Il est reconnu que rien ne sort de son sein dégagé de toute impureté ; c'est une impureté innée dans toutes ses créatures que les anciens ont nommée le *péché originel*. Nous en sommes entachés en venant au monde, les uns plus, les autres moins.

L'enfant doit sa première constitution à ses parents : s'ils sont sains, elle l'est aussi ; s'ils ne le sont pas, les vices et la corruption dont ils étaient attaqués ne tardent pas à se manifester en lui. Mais, chose bien extraordinaire, quoiqu'elle ne s'écarte pas cependant des règles de la nature, c'est que la plupart de ces maladies originelles semblent quelquefois assoupies et comme mortes dans une race, et après quelque temps elles se réveillent et ressuscitent avec plus de violence que jamais.

Notre accroissement ne s'opère que par *intussusception*, c'est-à-dire que des aliments dont nous nous nourrissons se dégage une *substance* qui s'assimile à notre être ; mais si notre *principe vital* est vicié, il n'a pas assez de force pour amender celui qui nous vient des aliments, lequel ne peut parvenir au degré de pureté nécessaire que par le travail qui se fait dans les viscères ; cette opération n'est qu'imparfaite dans tout sujet où l'*agent*, le *feu central*, ne peut agir que faiblement. Peu à peu et insensiblement la féculence impure et grossière s'accumule et enveloppe l'*esprit vital*; elle lui ôte toute énergie, l'étouffe et donne la mort à l'individu. Ainsi donc tout remède qui ne sera pas assez puissant pour débarrasser l'*esprit vital* des obstacles qui paralysent son action, loin d'arrêter les progrès de la maladie, ne servira souvent qu'à l'aggraver. De même qu'une légère et douce chaleur est salutaire aux plantes nouvelles, de même elle les brûle et les détruit lorsqu'elle est trop grande ; c'est ainsi que le printemps ranime tout dans la nature ; que l'été arrête ou suspend la végétation, et que l'hiver donne aux plantes une espèce de mort qui deviendrait réelle, si la nature ne venait pas ranimer cet *esprit vivifiant et universel* qui conserve et détruit tout pour opérer de nouvelles créations.

Quiconque réfléchira sérieusement sur ces vérités pourra apprendre à imiter la nature dans ses opérations, à l'exemple du jardinier qui, au moyen des serres chaudes, conserve et entretient certaines plantes que le froid aurait bientôt détruites sans le préservatif qu'il lui oppose.

Le plus parfait des métaux, l'or n'est pas extrait des entrailles de la terre avec la pureté dont il est susceptible ; souvent même les hommes ont augmenté cette impureté : veut-on l'en dépouiller ? on charge un habile chimiste de ce soin : celui-ci le fait fondre avec de l'antimoine, et ce minéral, comme un loup dévorant, emporte et dévore toutes ses impuretés. C'est ainsi qu'un véritable médicament devrait opérer en nous.

L'impureté avec laquelle nous naissons et qui s'accroit par les aliments que nous prenons, qui n'est jamais la même dans tous les individus, demande des remèdes qui renferment différents degrés d'efficacité, pour s'adapter et être salutaires aux sujets auxquels ils sont destinés. Les médecins ne s'écartent-ils pas continuellement de cette règle? ils ont donné différents noms aux maladies qui affligent l'humanité. Les médicaments qu'ils emploient pour les guérir sont extraits des minéraux et des végétaux ; des formulaires sont adoptés pour en fixer les doses : il suffit qu'une maladie ait été qualifiée, pour quelle soit et doive être traitée comme toute autre à qui on a donné le même nom, sans avoir égard, le plus souvent, ni à l'âge, ni au tempérament, ni aux causes qui l'ont occasionée. Cette manière de guérir peut procurer les accidents les plus fâcheux, même la mort. Lorsque, au contraire, elle procure la guérison, il faut souvent l'attribuer au hasard. En effet, le remède qui aurait tué le malade, s'il n'avait pas eu un tempérament robuste, excite en lui une crise ; la nature alors opère et le débarrasse d'une partie des impuretés qui tenaient captif son *esprit vital*.

J'avoue que ce que je viens de dire est peu consolant pour l'humanité souffrante : je n'ai voulu que manifester franchement ma façon de penser, et je voudrais, pour le bien de mes semblables, qu'elle fût erronnée.

Jusqu'ici les médecins ont eu seuls le privilège exclusif de s'occuper de notre santé. Quiconque n'a pas reçu un diplôme de la faculté ne peut s'immiscer dans les fonctions de guérir les malades, fut-il aussi savant que le dieu d'Épidaure.

Il existe cependant une découverte qui lutte depuis environ quarante ans contre les privilèges de la faculté, pour entrer en concurrence avec elle. Malgré le ridicule dont on ne cesse de la couvrir, malgré les obstacles qu'on lui oppose, elle ne cesse de se répandre, de faire des progrès et d'opérer beaucoup de prodiges. Quelques médecins en sont partisans, d'autres la proscrivent sans la connaître, dans la crainte sans doute que, devenue trop générale, elle ne nuise à leurs intérêts. Cette découverte est le *magnétisme*.

Magnétisme.

Malgré les sarcasmes des ennemis du *magnétisme*, malgré le ridicule qu'on cherche à répandre sur ses partisans, son existence, sa réalité, son efficacité et son utilité, sont aujourd'hui prouvées jusqu'à l'évidence.

2

Plusieurs médecins à Paris et dans les pays étrangers n'ont aucun doute sur les heureux effets qu'il peut produire dans les maladies. Il est ouvertement pratiqué en Suède et en Allemagne; en Russie il commence à prendre faveur; et le gouvernement le protège en Prusse.

Dans l'origine de son introduction en France, on établissait des baquets autour desquels se rangeaient les malades en formant une chaîne. Lorsqu'on ne faisait pas usage des baquets, on magnétisait les malades par des attouchements, des impositions de mains et des tuyaux de verre qu'on appelait conducteurs du fluide : j'avoue que tout cet attirail prêtait un peu au ridicule. Plusieurs savants philanthropes, au nombre desquels M. de Puységur joue un si grand rôle, ont tellement perfectionné la manière de magnétiser, qu'aujourd'hui l'ignorance seule et la mauvaise foi peuvent s'en permettre la critique.

Il s'est opéré un nombre infini de cures surprenantes et extraordinaires; elles sont attestées par tant de personnes, parmi lesquelles il y en a qui jouissent d'une telle considération par le rang qu'elles occupent dans la société, par les connaissances et la probité qui les distinguent ; que ce serait se rendre coupable de la plus grande injustice que de s'obstiner à ne pas mettre le *magnétisme* au rang des plus sûrs moyens de procurer la santé.

Dans les premiers temps de cette découverte, le somnambulisme se manifesta : d'abord on y attacha peu d'importance ; soit que les magnétiseurs ne sussent pas bien diriger les somnambules, ou qu'on n'eût pas encore eu le bonheur d'en rencontrer d'assez lucides.

M. de Puységur fut un des premiers qui conçut les plus grandes espérances de ce phénomène inconcevable ; il eut pendant long-temps à sa disposition un somnambule qui, quoiqu'il ne fût pas doué de la plus parfaite lucidité, en avait néanmoins assez pour lui faire concevoir l'espoir de réduire au silence les détracteurs d'une découverte qu'il avait prise tant à cœur à cause de son utilité pour l'humanité.

En conséquence (il y a environ vingt ans) il provoqua l'institut, et lui demanda des commissaires pour leur faire voir ce que, par préjugé, on refusait de croire.

Sa demande à ce corps de savants est consignée dans un de ses ouvrages.

L'institut rejeta sa demande. Un médecin nommé *Tourlet*, qui était alors l'un des principaux rédacteurs du *Moniteur* pour les ouvrages scientifiques, consigna dans ce journal une critique amère et forte de raison contre les académiciens entêtés et obstinés à vouloir rester dans leur ignorance. Le médecin *Tourlet* faisait l'aveu qu'il ne connaissait rien au *magnétisme* ; qu'il ne s'en était jamais occupé ; qu'en conséquence il se garderait bien de prendre parti pour ou contre ; mais il trouvait indécent qu'une société savante eût l'air de mépriser les propositions que lui adressait un savant aussi recommandable par ses connaissances, sa probité, sa haute réputation, et le rang qu'il tenait dans le monde.

L'exemple de M. de Puységur réveilla l'attention de plusieurs magnétiseurs ; quelques-uns rencontrèrent des somnambules dans les malades qu'ils traitaient, mais rarement assez lucides pour pouvoir y attacher un grand intérêt. Je pense qu'il y a beaucoup de la faute des magnétiseurs, qui souvent n'ont pas l'instruction nécessaire pour savoir tirer avantage du bonheur que le hasard leur procure. Il y en a qui ne les interrogent que pour satisfaire leur curiosité ; d'autres sont animés de tout autre désir que de celui d'être utiles à l'humanité. D'un autre côté, tous les somnambules ne sont pas également lucides, et peu le sont universellement.

J'ai eu la rare faveur d'assister très-souvent aux séances du somnambule le plus lucide et le plus extraordinaire qui ait peut-être jamais existé. On ne me croirait pas si je racontais toutes les cures miraculeuses que je lui ai vu opérer, et les vérités sublimes que je l'ai entendu prononcer dans son sommeil. Une foule de malades de la classe la plus inférieure jusqu'à la plus élevée de la société lui doivent la santé et la vie. Je ne m'étendrai pas davantage sur un phénomène aussi surprenant ; cependant je ne puis m'empêcher de rapporter un fait qui prouve la supériorité qu'un véritable somnambule peut avoir sur le médecin le plus savant.

Supériorité du Somnambule sur le Médecin.

Le médecin peut être trompé non-seulement sur les médicaments qu'il ordonne, mais même sur la qualité et la quantité des drogues ; on peut les remplacer les unes par les autres, et faire des changements que ni lui ni le pharmacien ne sauraient reconnaître. Dans les remèdes ordonnés par un bon somnambule, ni le malade ni le pharmacien ne peuvent le tromper dans la quantité et la qualité des drogues qu'il a prescrites pour la confection d'un remède. Voici ce dont j'ai été témoin, à mon grand étonnement et à celui de plusieurs autres assistants.

Un jour ce précieux somnambule avait prescrit une infusion de plantes à un malade d'un rang élevé qui lui avait confié sa guérison. Un herboriste de confiance fut chargé de la confection ordonnée ; le malade en fit usage pendant le temps prescrit, et revint au jour indiqué auprès de son médecin somnambule ; celui-ci, après quelques minutes d'examen, prononça que sa prescription n'avait pas été suivie ; le malade d'assurer qu'elle l'avait été scrupuleusement, et le somnambule de soutenir le contraire : bref, ajouta-t-il, je vois bien les traces d'une partie des plantes dont je vous ai prescrit de prendre l'infusion, mais je ne vois pas celle de telle plante qui devait jouer le principal rôle ; assurez-vous de la chose, et vous verrez qu'on vous a trompé ; quant à moi, la chose est impossible. Le malade ne fut pas plutôt rendu chez lui, qu'il fit venir son herboriste, qui, après mille et mille tergiversations, convint enfin qu'en effet il n'avait pas mis dans l'infusion la plante qu'on lui nommait, parce qu'elle lui manquait, mais qu'il l'avait remplacée par une autre qui avait la même vertu. Le malade s'empressa d'écrire sur-le-champ au somnambule pour l'instruire du résultat de l'entretien qu'il venait d'avoir avec son herboriste, et lui témoigner combien cet incident augmentait la confiance qu'il avait en lui. Je ne puis raconter tout ce que j'ai vu de mes propres yeux, parce qu'il me faudrait écrire un volume : d'un autre côté, je suis arrêté par des motifs bien puissants ; cependant, pour atteindre plus sûrement le but que je me suis proposé, je vais terminer mes citations par un fait bien extraordinaire, qui fera concevoir pourquoi le médecin qui traite des maladies qui portent le même nom, s'il en guérit quelques-unes, les autres lui résistent, quoiqu'il suive le même traitement.

Un riche Portugais attaqué d'épilepsie venait à peine d'être guéri, qu'un autre malade tourmenté de la même infirmité se présenta. Quel fut notre étonnement quand nous entendîmes notre somnambule prescrire un traitement entièrement différent de celui qu'il avait ordonné pour le premier cas! On lui en demanda la cause, et on lui rappela qu'il n'était pas d'accord avec lui-même. *Je suis toujours d'accord avec moi-même, répondit-il; je ne me contredis jamais, et ce n'est jamais qu'avec une parfaite connaissance de cause que je donne mes prescriptions.* (Il nomme ainsi ce que nos docteurs appèlent ordonnances.) Nous lui entendîmes ensuite prononcer la plus savante dissertation sur l'épilepsie : il en porta le nombre à douze espèces, autant que je puis m'en souvenir, et après avoir déroulé à nos yeux les causes différentes qui pouvaient occasioner cette cruelle infirmité, nous restâmes pleinement convaincus que les maladies, pour la plupart, quoique portant le même nom, n'étaient point les mêmes, et que leur cure exigeait des traitements divers. La médecine vulgaire est bien loin d'être parvenue à ce haut degré de connaissances.

Pour tout homme impartial et sans préjugés, je

crois avoir prouvé jusqu'à l'évidence que la mé-decine n'est pas une science positive, parce qu'elle n'a point de principes certains comme les sciences exactes; parce que, loin de faire des progrès comme ces dernières, elle reste au contraire stationnaire; parce qu'elle change continuellement de méthodes et de systèmes, etc.

Ce qui ne peut que corroborer ce que je viens d'avancer, c'est que plusieurs médecins appelés auprès du même malade ne sont jamais d'accord ni sur la nature et la cause de la maladie, ni sur les moyens de la guérir. Il n'est peut-être pas de fa-mille qui n'ait à gémir sur les funestes résultats produits par l'erreur de nos docteurs. Comme il est reconnu que les médecins sont ordinairement très-instruits dans la plupart des autres sciences, il faut en conclure que si leurs connaissances sont si bornées dans l'art qu'ils exercent, on ne doit l'attribuer qu'au défaut de principes certains.

Ils ne marchent pas moins à tâtons dans les mé-dicaments qu'ils ordonnent : c'est une observation que l'on a faite depuis long-temps, et je puis me dispenser de répéter les preuves que j'en ai déjà données. Qu'il serait à souhaiter qu'à leurs con-naissances ils ajoutassent celle du *magnétisme!*

Le *magnétisme*, quoique exercé pour ainsi dire clandestinement, est assez connu par ses prodi-gieux effets; il est décrié par les uns et honoré par les autres. Comment se fait-il que les merveilles qu'il opère tous les jours ne portent pas la société à l'accueillir ouvertement et à le tirer de l'obscurité où il végète ?

Beaucoup de personnes s'en occupent, mais la plupart sont sans instruction et souvent sans probité, et l'on en a abusé quelquefois. Cette branche de l'art de guérir a aussi ses spéculateurs. Il y a eu de faux somnambules, et à l'aide de commères et de compères il s'est quelquefois commis des escroqueries. Si la surveillance de l'autorité ne peut atteindre les fripons, elle arrête les praticiens instruits et honnêtes qui ne veulent avoir rien à démêler avec elle.

Il serait bien à désirer que le gouvernement se mît à la tête de cette importante découverte ; qu'il commençât par en faire constater la réalité, les effets et l'utilité, et qu'ensuite, par un règlement sage, il n'y eût que des médecins, des philanthropes instruits et probes qui eussent le droit de s'en servir pour le bien de l'humanité. La Prusse a adopté ce sage parti ; espérons que la France ne tardera pas à suivre cet exemple.

C'est avec une joie inexprimable que j'ai lu dernièrement dans les journaux que l'académie royale de médecine de Paris avait décidé qu'elle s'en occuperait ; qu'en conséquence elle avait nommé onze commissaires choisis parmi ses membres, ainsi qu'elle le pratique dans les choses de la plus haute importance.

Ma joie n'a pas été de longue durée; elle a été bientôt remplacée par la crainte que cette louable détermination ne fût pas couronnée d'un résultat heureux, lorsque j'ai su que la majeure partie de ces commissaires étaient totalement étrangers au sujet sur lequel ils devaient faire un rapport, et qu'une somnambule était légèrement désignée pour les mettre à portée de former leur opinion.

Pour que les expériences auxquelles vont se livrer les commissaires de l'académie fussent déterminantes et décisives, il aurait fallu les prendre une partie parmi les médecins qui composent cette société savante, une autre parmi les membres du comité de magnétisme, et y adjoindre quelques savants amis de l'humanité, dont le nombre est si considérable à Paris. Dans une affaire aussi importante on ne saurait s'environner de trop de lumières, ni prendre trop de précautions.

Un somnambule ne devrait point être pris au hasard; le choix pourrait n'être pas heureux; car tous les somnambules ne sont pas favorisés du même degré de lucidité. Pourquoi ne pas en appeler plusieurs? pourquoi ne pas charger de ce choix le comité de magnétisme ou d'autres personnes qui connaissent des somnambules d'une clairvoyance rare?

Ah! quel bonheur pour l'humanité souffrante si mes craintes étaient chimériques, si les investigations qui vont avoir lieu pouvaient déterminer l'autorité à donner une organisation légale au magnétisme! S'il était introduit dans l'éducation, c'est alors que les mères de famille le seraient à double titre.

Tous ceux qui se sont occupés de cette nouvelle et précieuse découverte savent que les cures nombreuses qui ont lieu par son moyen peuvent s'opérer par le magnétisme seul, et sans le secours de remèdes : elles s'opèrent par l'émanation *d'un fluide* qui, du corps du magnétiseur passant dans celui du malade, dissipe et entraîne avec lui les impuretés qui corrompent les humeurs, occasionent les maladies et donnent la mort. L'expérience a également fait connaître que lorsque le magnétiseur est robuste, sain et dirigé par de bonnes intentions, les effets qu'il produit sont miraculeux.

La sympathie et l'antipathie, dont on ne saurait raisonnablement nier l'existence, ne viennent que des émanations analogues ou contraires entre les personnes : si elles sont en harmonie, nous sommes entraînés comme par un enchantement irrésistible; si elles sont contraires, nous éprouvons un sentiment différent : voilà pourquoi au premier aspect nous nous sentons souvent attirés vers

certains êtres, tandis que d'autres nous re-
poussent.

Il est rare qu'il n'existe pas une sympathie parfaite entre une mère et ses enfants; elle seule,
et sans le secours de médicaments, si elle
savait magnétiser, apporterait plus de soulagement à ses enfants dans leurs infirmités, que tous
les pharmaciens et les docteurs de la faculté ensemble.

Quoique le magnétisme seul, bien dirigé, puisse
opérer les cures les plus étonnantes, même dans
les maladies réputées jusqu'ici comme incurables,
ces merveilles ne sont rien, comparées à celles
qu'on peut obtenir par le moyen du somnambulisme. La raison en est simple : le véritable somnambule, dans son sommeil, voit tout ce qui se
passe dans l'intérieur des corps ; il y distingue les
causes des maladies et leurs progrès ; il indique
les remèdes qu'il faut employer pour leur guérison.
Sa lucidité s'étend jusqu'à discerner si les médicaments qu'il a prescrits ont été régulièrement
confectionnés, s'ils ne l'ont été qu'en partie, si
le malade en a interrompu l'usage : sa clairvoyance
est si étendue qu'elle va jusqu'à fixer l'époque
précise à laquelle la guérison aura lieu ; il connaît
aussi si la maladie est incurable : enfin, je me
hasarde de le dire, le jour et l'heure où le malade
cessera de vivre ne lui sont pas inconnus.

Hommes raisonnables et réfléchis qui me lisez, ne me condamnez pas avec la légèreté des esprits superficiels; ne me mettez pas au nombre des songe-creux. J'ai vu tout ce que j'avance; j'en ai été témoin : je ne veux pas être cru sur parole; vous pouvez acquérir la même certitude que moi.

Peut-il tomber sous les sens d'un homme éclairé que tant de savants de tous les pays qui s'occupent du *magnétisme*, qui attestent les vérités que je viens de proclamer, soient d'accord et s'entendent, sans s'être communiqués, pour protéger une erreur et une chimère? Si beaucoup de médecins de bonne foi et remplis d'instruction reconnaissent l'existence du *fluide magnétique*, et ses effets aussi salutaires que surprenants, ne devrait-on pas au moins rester dans le doute plutôt que de se prononcer d'une manière si tranchante contre une découverte qui finira par surmonter tous les obstacles qu'on lui oppose, parce que c'est la vérité, et que la vérité, comme la lumière, ne peut être étouffée? Non, le magnétisme et le somnambulisme ne sont point une chimère; chaque jour fournit de nouvelles preuves qu'on trouve en eux des moyens plus sûrs de soulager et de guérir nos infirmités que dans la médecine même, qui, si elle a ses partisans, ne manque pas non plus de détracteurs.

Je crois avoir prouvé à tout homme de bonne foi, impartial et sans préjugés, que nos médecins ne doivent pas être regardés comme les seuls capables d'exercer l'art de guérir.

J'ai rempli la tâche que je m'étais imposée; néanmoins je ne puis me dispenser de dire un mot sur un procès qui vient d'être jugé en police correctionnelle, à cause de ses rapports avec la matière que je viens de traiter.

Dans les derniers jour du mois dernier, la dame Fructus, jeune somnambule, a comparu devant le tribunal de la Seine, comme accusée d'escroquerie et d'homicide involontaire. Une foule de témoins avaient été assignés pour déposer dans ce procès d'un genre nouveau. Leurs dépositions, en général, lui ont été si favorables, que le tribunal a écarté les deux chefs d'accusation; mais, attendu que l'accusée avait exercé l'art de guérir sans aucune autorisation légale, elle a été condamnée à deux cents francs d'amende. Si elle avait eu un diplôme de docteur, et qu'elle eût réellement donné la mort à vingt pères de famille, son privilège l'aurait mise à l'abri de toute poursuite. Le jugement du tribunal est irréprochable; les juges n'ont pu se dispenser de faire l'application de la loi. Les médecins sont tellement protégés dans leurs privilèges, que si tout à coup un homme sans diplôme, mais possédant des connaissances supérieures, parvenait à guérir nos ministres de la cataracte qui couvre leurs yeux, il aurait le même sort que la *somnambule Fructus*, malgré le service éminent qu'il aurait rendu à la France, qui souffre tant de leur aveuglement.

Au reste, le procès intenté à la dame *Fructus* a été plus favorable que nuisible au somnambulisme; mais, quel aurait été son triomphe, s'il avait été permis à MM. les juges de s'écarter des formes prescrites par la loi, et d'ordonner que l'accusée se défendît elle-même, après avoir été mise dans son état de somnambulisme! C'est alors qu'on aurait été témoin d'un phénomène aussi inconcevable qu'extraordinaire. On aurait entendu une femme sans instruction s'exprimer avec pureté et précision, répondre à toutes les questions avec la plus grande facilité, confondre ses dénonciateurs, et se défendre avec autant de talent que son avocat, qui en a développé un si grand dans son plaidoyer.

J'allais m'arrêter ici, mais deux nouvelles attaques qui viennent d'être dirigées contre le magnétisme me forcent de continuer.

Attaque du Journal des Débats.

L'Hercule du *Journal des Débats* se présente avec son artillerie légère chargée de pétards et d'artifices; nouvel Ibrahim-Pacha, le *magnétisme* est pour lui un autre Missolonghi qu'il veut renverser de fond en comble. Si l'*acri ridiculum* d'Horace; si l'esprit, les jeux de mots, la plaisanterie, suffisaient pour empêcher la vérité de triompher, il est certain qu'il serait difficile de se garantir contre un tel adversaire. Mais pour détruire des faits qui se renouvellent tous les jours, qui sont attestés par tant de témoignages authentiques, il faut des arguments plus solides que ceux de M. *Z*; il paraît cependant que ce n'est que sur cette arme qu'il compte pour éblouir le public et intimider MM. les commissaires de l'académie. Après avoir donc versé a grands flots le ridicule sur la médecine en général, il accuse les membres de l'académie d'avoir raisonné comme des *cruches*, en prenant le *magnétisme* en considération.

Il nous rappelle qu'une commission à peu près semblable fut, par ordre du roi, chargée, en 1784, d'examiner cette découverte dans son berceau; la décision qu'elle porta ne lui fut pas favorable; M. *Ż* se garde bien de dire que les opinions ne furent pas unanimes; néanmoins il en tire la conclusion que le magnétisme, que la nouvelle académie de médecine ressuscite (suivant lui), fut tué alors. Non, M. le Zoïle, le dogme de la résurrection ne lui est pas applicable : il éprouva seulement à cette époque, comme aujourd'hui, l'envie, la jalousie,

et les contrariétés qui s'attachent à toutes les nouvelles découvertes, quelque utiles qu'elles soient,
si peu qu'elles semblent devoir porter atteinte à
des intérêts particuliers.

M. *Z* n'ignore certainement pas que lorsque
Christophe Colomb fit la découverte du Nouveau-
Monde, il fut chargé de fers pour récompense, et
qu'on le traita d'imposteur. A-t-il oublié l'horrible
traitement que subit le savant Galilée pour une
découverte qui a produit ensuite un si grand chan-
gement dans l'astronomie? Les mathématiques ne
sont-elles pas une science exacte contre laquelle
la critique est muette? Eh bien! les mathématiques
n'ont-elles pas été proscrites? Ceux qui les prati-
quaient ou qui voulaient les propager n'ont-ils pas
été assimilés aux sorciers, et condamnés comme
tels par les parlements et les prêtres? De nos jours
Buffon n'a-t-il pas été obligé de se rétracter à
cause de certaines grandes vérités? Je ne finirais
pas si je voulais citer tous les exemples de ce genre
que nous fournit l'histoire.

Qu'ont produit enfin toutes ces barbares pros-
criptions? Le Nouveau-Monde est reconnu, et ses
habitants généreux, guidés par l'immortel Bolivar,
ont secoué le joug des fanatiques Espagnols : la
doctrine du savant Galilée est publiquement en-
seignée : les mathématiques, qui honorent le génie
de l'homme, et dont l'utilité est aujourd'hui si bien

reconnue, sont une des principales bases de notre éducation : le génie de Buffon est vénéré et le sera dans tous les siècles. A coup sûr les proscripteurs d'alors étaient les hommes les plus distingués de ces temps d'ignorance et les chefs de la société. Où en serions-nous, grand Dieu! si leurs successeurs avaient respecté leurs folles décisions? Voilà cependant le système que cherche à propager l'Aristarque des *Débats* : « Eh! pourquoi, dit-il, l'au-
« torité de l'académie aurait-elle plus de poids
« que celle des savants illustres et des grands mé-
« decins qui, dans le siècle dernier, ont condamné
« le magnétisme? N'était-il pas plus raisonnable
« de dire, par modestie au moins, si ce n'était pas
« justice : Quand nos prédécesseurs n'ont pu fixer
« l'opinion publique sur cette question, pouvons-
« nous espérer qu'on aura plus de confiance dans
« nos décisions? Aurons-nous la prétention de
« mieux voir et de mieux juger que les trois
« corps illustres qui nous ont précédés dans cet
« examen? »

Que nous serions arriérés dans nos connaissances, si le système de M. *Z*, si fatal aux lumières, eût été suivi par nos ancêtres! Que nous et nos descendants serions à plaindre s'il acquérait aujourd'hui du crédit! Tout resterait au point où il se trouve. Je sais bien qu'il existe des esprits gothiques qui ne s'arrêtent pas là, et qui voudraient nous faire rétrograder jusqu'au temps du bon roi Dagobert.

La nouvelle académie ne manque point de respect à l'ancienne : ce qui l'a déterminée à faire un nouvel examen du magnétisme, c'est que ses prédécesseurs, quand ils rendirent leur décision en 1784, n'avaient pas les données que les progrès du magnétisme et son perfectionnement fourniront aux nouveaux commissaires. Une expérience de quarante années n'a pas été sans succès, et le somnambulisme, inconnu en 1784, a porté la plus grande lumière dans cette science.

M. *Z* reproche aux magnétiseurs des variations et des changements dans la manière de magnétiser, des contradictions dans leurs écrits : j'ai répondu d'avance à ces futiles objections. Quelle est la science, quel est l'art, qui restent stationnaires quand on les pratique ? M. *Z*, il y a vingt ans, maniait-il aussi bien qu'aujourd'hui l'ironie et la plaisanterie ? S'il est maintenant professeur émérite dans cet art, il était bien novice alors !

Pour battre le magnétisme en ruines, il reproche à ceux qui l'exercent des attouchements, des positions que sa vertu lui fait regarder comme très-répréhensibles ; et pour en faire ressortir les dangers, il cite M. le docteur *Recamier*, qui a reconnu que le magnétisme administré de trop près avait produit plusieurs grossesses. Moi aussi j'ai de la

3.

vertu , et je conviens que c'est *un cas pendable ;*
mais que M. Recamier et lui-même se rassurent ;
si un scandale semblable a eu lieu, il n'en arri-
vera plus de pareil. On magnétise à présent d'une
manière qui exclut tout attouchement qui ait la
moindre apparence d'indécence : et les magnétiseurs refuseraient leurs soins aux charmantes
épouses et aux aimables demoiselles de ces mes-
sieurs, s'ils n'étaient présents eux-mêmes ou rem-
placés par quelqu'un des leurs.

Je crois avoir à peu près réfuté toutes les objections de M. *Z,* si toutefois des plaisanteries sont
des objections.

N'oublions cependant pas la bouteille d'eau magnétisée dont le savant philanthrope M. Deleuze
parle dans un de ses ouvrages, et à laquelle il attribue, avec raison, des effets surprenants. Je sais
que la bouteille inspire ordinairement les saillies,
ainsi je ne suis pas étonné de la longue kyrielle de
celles qu'elle a inspirées à notre joyeux adversaire. C'est comme un feu roulant de mousque-
terie. Après avoir traité cette pauvre bouteille de
sorcière, il se moque de sa vertu *alexitère, anti-*
scorbutique, anti-vermineuse, apéritive, astrin-
gente, béchique, carminative, cordiale, cépha-
lique, diurétique, emménagogue, émoliente,
fébrifuge, hépatique, maturative, narcotique,
ophtalmique, purgative, drastique, ou *minora-*

tive à volonté, rafraîchissante, stomachique, sudorifique et vulnéraire.

Nous faisons aussi peu de cas que lui de ce fatras de mots insignifiants et ridicules, qui font toute la science de quelques docteurs. Le *magnétisme* les rejette : mais pour les avoir si bien enfilés à la suite les uns des autres, je prendrais l'enfileur *Z* pour un docteur consommé, s'il n'accablait pas de tant de sottises les pauvres médecins, à propos de *magnétisme*. En effet, il débute par dire que la *science médicale est mobile; qu'elle change de doctrine comme les femmes changent de mode; qu'elle prêche tantôt le dogme, tantôt l'expérience, etc.* Au reste, il y a beaucoup de contradictions dans tout ce qu'il dit contre le *magnétisme* et contre les médecins. On s'expose à ce ridicule quand on ne court qu'après l'esprit.

J'ai toujours cette pauvre bouteille sur le cœur; il est temps que je la rétablisse dans les bonnes grâces de son persiffleur, en lui prouvant que l'eau magnétisée peut produire les effets les plus salutaires.

Il existe *un esprit* ou *un fluide universel;* qu'on le nomme comme on voudra… Qu'on soit allé le chercher ou dans la boutique de *Pythagore,* ou dans le poème de Lucrèce, peu importe : il existe, et je ne suis pas le seul convaincu de son existence, quoique M. *Z* prétende qu'il est aujourd'hui réformé. Voici comment le somnambule dont j'ai déjà si avantageusement parlé fait toucher au doigt et à l'œil le phénomène qu'on cherche à ridiculiser. *Le fluide universel* est répandu partout ; il est par conséquent dans l'eau ; et l'eau cesserait bientôt d'être salutaire si elle en était privée ; elle ne pourrait plus contribuer à l'entretien et à l'accroissement des plantes : vérité reconnue du moindre jardinier. Ainsi, en augmentant la force de cet esprit agissant et vivifiant dont l'eau est imprégnée, il est incontestable qu'elle doit alors opérer avec plus d'efficacité que lorsqu'elle est dans son état naturel : voilà ce que le magnétisme opère en elle.

Membres de la commission chargée par l'académie royale de médecine d'examiner avec soin les effets salutaires attribués au magnétisme, vous qui vous êtes voués au soulagement de vos semblables, riez comme moi des *fariboles* de M. *Z* ; que le ridicule qu'il déverse sur la médecine et sur les médecins ne vous décourage pas, les traits qu'il vous lance ne parviendront pas jusqu'à vous : vous savez que la sempiternelle et bavarde de G. a eu l'impudeur de traiter *Voltaire, J.-J. Rousseau* et *Marmontel* de *sots* ; le public éclairé a haussé les épaules de pitié d'un pareil radotage.

Le lecteur qui lira sans préoccupation la critique du *magnétisme* que M. *Z* a consignée dans le *Journal des Débats*, n'y trouvera aucun argument solide : il n'en sera pas surpris s'il fait attention que ce journaliste veut raisonner sur une science qu'il n'a ni étudiée ni suivie dans ses progrès.

La seule chose dont on puisse lui savoir gré, c'est d'avoir adroitement amené les enfants de Loyola dans la mêlée pour ranimer le mépris et la haine que tout bon citoyen a voués à une société si dangereuse, chassée de partout, et occultement introduite en France contre le vœu de tous les Français. On doit également lui tenir compte d'avoir ridiculisé le *fanatisme*, les *crucifiements* des sœurs *Perpétue* et *Félicité*, le *cimetière de Saint-Médard* et les *miracles de saint Páris*, parce qu'on voudrait vous ramener au temps de ces jongleries.

Après tout, les sarcasmes de M. *Z*, tout spirituels qu'ils sont, ne sauraient porter la plus légère atteinte au magnétisme, et j'aurais pu n'y répondre autrement que par ce vers :

Sunt verba et voces prætereaque nihil.

Je ne puis me dispenser de faire observer la différence qui existe entre ce critique goguenard et moi ; c'est que je suis de bonne foi, que je crois vrai tout ce que j'ai écrit en faveur du *magnétisme*, et que M. *Z* n'a cherché qu'à exciter l'hilarité de ses lecteurs, sans croire un mot de ce qu'il a dit.

Au moment où je le quitte pour entrer en lice avec un autre adversaire plus formidable, on m'assure, et l'on m'offre même de me fournir la preuve qu'il s'est autrefois montré chaud partisan de la science qu'il répudie aujourd'hui ; qu'il a parlé en sa faveur, et qu'il a été l'admirateur de ses merveilleux effets.

A l'instar de plusieurs de vos confrères, seriez-vous par hasard, M. *Z*, du nombre de ces gens qui soufflent de la même bouche et le froid et le chaud ?

Monsieur l'évêque de Moulins.

Ce n'était pas assez pour le magnétisme d'avoir pour ennemis tant de médecins et leurs acolytes, tant d'ignorants et d'hommes à préjugés, il faut encore qu'un prince de l'église vienne se mêler à la tourbe de ses détracteurs... Si l'armée ennemie ne se grossissait que de la personne de monseigneur, le danger ne serait pas bien grand ; mais une levée de boucliers, accompagnée d'un *mandement* et des *jésuites*, présage un combat à outrance, et peut-être même, en cas de besoin, une *bulle du pape*, sur-tout si celle que le *Vatican* vient de lancer contre les francs-maçons a les succès qu'on en attend.

C'est à propos d'un mandement sur le *jubilé* que M. *de Moulins* se déclare l'ennemi du magnétisme, et qu'il l'anathématise.

Il me faudra ajouter bien peu de réflexions aux allégations de monseigneur pour en faire sentir la fausseté, car elles portent avec elles leur réfutation : je vais donc les transcrire mot à mot pour mettre le lecteur plus à portée de juger en connaissance de cause. Comme les jésuites se trouvent partout, il était bien juste qu'ils ne fussent pas oubliés dans un mandement sur le *jubilé*.

« Une nouvelle ligue, dit monseigneur, s'est « formée qui tend à étouffer, *dans son berceau*, « une société qu'elle craint, par-dessus tout, de « voir renaître comme un obstacle au renverse- « ment de l'autel et du trône à peine relevés. »

Oui, monseigneur, tout ce qu'il y a d'honnête et d'éclairé en France s'oppose au rétablissement des jésuites ; parce qu'au lieu d'être, comme vous l'annoncez, les soutiens de l'autel et du trône, ils en sont les ennemis les plus dangereux. Combien de rois et de papes, s'il faut s'en rapporter à l'histoire, sont tombés sous leurs poignards et ont péri par leur poison ! L'opinion publique les repousse, parce que, chassés par la Russie, l'Autriche et les Pays-Bas, ils ont l'impudente audace de reparaître en France au mépris des lois qui les en ont ignominieusement proscrits ; parce que

leur seule présence est le plus grand des fléaux ;
parce que leur influence délétère se fait déjà
sentir dans le commerce et l'industrie ; parce
qu'ils ont toujours été regardés comme les corrupteurs de la morale et de la jeunesse ; parce
qu'ils veulent nous abrutir pour nous dominer,
et nous ramener à ces temps d'ignorance et d'ex-
travagance où un évêque d'Autun lançait des
sentences d'excommunication contre les rats.....
Monseigneur continue :

« Pour terminer la tâche de pasteur vigilant
« qui nous reste à remplir, nous nous élèverons
« contre ces ténébreuses inventions, ces mysté-
« rieuses découvertes de prétendus savants mo-
« dernes, adeptes du matérialisme et corrupteurs
« de la morale, si bien accueillies à l'époque où
« se préparait notre malheureuse révolution, et
« dont on cherche à renouveler le scandale. *Nous*
« *signalerons particulièrement cette science fu-*
« *neste du magnétisme animal, dont la seule*
« *dénomination caractérise si bien l'immoralité*
« *de ceux qui la professent, la pratiquent et*
« *s'efforcent de la propager ; science perturba-*
« *trice, et dont l'effet est de mettre le désordre*
« *dans toutes les facultés physiques et morales*
« *de l'homme.* »

Après avoir répondu aux reproches peu chré-
tiens que monseigneur fait au magnétisme, je

donnerai des pièces justificatives que tout le monde pourra vérifier, et se convaincre que la science qui le met dans une si grande colère n'a de mystérieux que ce que la raison humaine, dont les bornes sont si étroites, ne peut comprendre : mais les effets qu'elle produit sont plus que suffisants pour prouver sa réalité ; et comme moi, l'on sera étonné qu'un évêque, dont la religion est fondée sur des mystères, en fasse un crime à une découverte, parce qu'elle ne peut pas expliquer la cause surnaturelle de quelques-uns des effets merveilleux qu'elle opère.

Les magnétiseurs, suivant M. de Moulins, sont les adeptes du matérialisme.

Jusqu'ici les gens du monde leur ont fait des reproches contraires : les pièces justificatives qu'on trouvera à la fin de cet écrit prouveront que s'il y a des athées et des matérialistes, ils seraient bientôt désabusés s'ils assistaient aux séances d'un bon somnambule, tel que celui dont j'ai parlé au commencement de ma dissertation.

Ceux qui professent, pratiquent et qui s'efforcent de propager le *magnétisme* ne méritent point l'odieux reproche qu'une plume sacrée leur adresse si pieusement ; car, au lieu d'être les corrupteurs de la morale, ils la proclament et l'exercent. Si monseigneur les avait fréquentés, s'il avait au moins quelques connaissances dans cette matière, il aurait reconnu que la pratique du *magnétisme* exige, dans ceux qui l'exercent, beaucoup de vertus, telles que la droiture, l'amour du prochain, le plus grand désintéressement et la passion de faire le bien, etc. Loin d'exercer une science perturbatrice, qui met le désordre dans toutes les facultés physiques et morales, elle rétablit au contraire l'ordre dans les facultés physiques et morales; des exemples sans nombre l'attestent, et les preuves s'en renouvellent tous les jours.

Un reproche si grave et si peu charitable venant d'un prince de l'église, sans aucun motif et à propos de *jubilé*, semblerait m'autoriser à user de récrimination, dans un moment surtout où la *corruption*, le *fanatisme*, l'*hypocrisie* ou *le jésuitisme* cherchent à envelopper la société de toutes parts; mais j'abandonne ce moyen, quelque légitime qu'il soit. Je me bornerai donc à cette simple remontrance.

Vous avez, monseigneur, commis une grande imprudence en osant accuser d'immoralité des hommes paisibles et charitables qui ne s'occupent que du soulagement de l'humanité, et recommandables, ne fut-ce que par les bonnes intentions qui les animent. Vous n'articulez aucun fait de leur prétendue dépravation : vous n'en citez pas un seul qui se soit rendu coupable des abominations que vous reprochez à tous.

Admettons, par supposition, que parmi ceux qui *professent*, *pratiquent*, et *s'efforcent de propager* le *magnétisme*, il s'en trouvât quelqu'un dont la conduite ait été répréhensible, aviez-vous le droit de prononcer un anathème général? Quelle opinion donnerais-je de moi si je me permettais de déverser la haine et le mépris sur la classe à laquelle vous appartenez, parce que les archives des tribunaux me fourniraient des matériaux irrécusables pour prouver l'immoralité et les crimes de plusieurs ecclésiastiques? Que ne pourrais-je pas dire, monseigneur, pour repousser votre attaque inconsidérée, si je voulais compulser l'histoire! Mais je m'arrête... Il est des choses qu'on ne doit jamais trop remuer.

J'en ai dit assez pour signaler le nouvel adversaire du magnétisme; et, quoique je pense avoir complètement réfuté ses fausses et injurieuses allégations, je crois cependant devoir encore faire connaître sa brillante péroraison.

« Ne sommes-nous donc pas autorisés, N. T. C. F.,
« à vous prémunir contre ces pratiques ténébreuses
« si favorables à l'*illuminisme* qui s'en empare,
« et que réprouvent le bon ordre et la morale pu-
« blique? et quelle est donc l'utilité d'une science
« qui a pour but de réaliser sur l'espèce humaine
« le phénomène vrai ou faux, rapporté par des

« naturalistes, de l'irrésistible influence qu'exerce
« cet être dégoûtant qui se nourrit dans la fange,
« sur le frêle oiseau dont les accents ont tant de
« charmes, et que, par la lubricité de ses regards,
« il engage dans une sphère d'attraction qui maî-
« trise tellement l'innocente victime, qu'insensi-
« blement elle se rapproche, bat des ailes, et, toute
« palpitante, vient se jeter dans le gouffre qui
« l'engloutit ? »

Cette péroraison, monseigneur, appartient au
genre sublime : mais elle prouve seulement que
vous êtes très-éloquent et plus orateur que logi-
cien, car il me semble que vous auriez dû commencer par prouver que le magnétisme n'existe
pas ; que tous les merveilleux effets qu'on lui attribue sont faux ; que les médecins, les prêtres
mêmes et les savants de tous les pays qui s'en
occupent depuis quarante ans, sont des fous ou
des imbéciles qui passent leur temps à caresser
une chimère. Nous ne sommes plus dans le siècle
où l'on vous aurait cru sur parole. Quoique vous
n'attaquiez le magnétisme par aucun raisonne-
ment, persuadé, sans doute, que l'autorité seule
de vos paroles doit suffire pour l'anéantir, per-
mettez cependant que je vous adresse quelques
observations, et que je tâche de vous réconcilier
avec une découverte qui peut rendre les plus
grands services au genre humain.

Je prends acte, monseigneur, de l'aveu que vous faites que le magnétisme est une *science*. Cela étant, ne conviendrait-il pas, avant de le proscrire, de l'approfondir sous tous les rapports et dans toutes ses ramifications, afin de faire profiter la société de ce qu'il a de bon et d'utile, et condamner ce qu'il pourrait avoir de mauvais et de dangereux? C'est le but que s'est proposé l'académie royale de médecine, en nommant des commissaires. En attendant, je vous invite à avoir commerce pendant quelques jours avec un habile magnétiseur; si vous daignez suivre mon conseil, je suis certain que vous ne tarderez pas à reconnaître l'erreur dans laquelle on vous a induit : au surplus, il pourra vous faire connaître des ecclésiastiques recommandables autant par leurs lumières que par leurs vertus qui sont loin de partager votre opinion sur une matière aussi importante. Si le praticien que vous daignerez honorer de votre instruction se fait seconder par un bon somnambule, celui-ci, au moyen de sa lucidité, découvrira dans les replis les plus cachés de votre corps le caractère des humeurs qui peuvent occasioner du désordre dans votre physique et votre moral : peut-être même aurez-vous l'insigne bonheur de tomber en crise, c'est-à-dire de devenir somnambule, et alors vous aurez la faculté de vous prescrire vous-même; au besoin, les remèdes nécessaires, les plus prompts et les plus efficaces, pour rétablir l'ordre et l'équilibre dans votre physique et votre moral, si par malheur ils venaient à être troublés; c'est alors que, revenu de vos erreurs, lorsque vous mettrez au jour quelque nouveau mandement, vous n'y insérerez plus que le magnétisme est une science *perturbatrice*.

Je finis, monseigneur, par cette dernière observation : c'est que votre diatribe contre le magnétisme et ses partisans était déplacée dans un mandement sur le *jubilé*; et puis, monseigneur, vous parlez de *crapauds*, de *rossignols*, de *sphère d'attraction*, de *lubricité*, etc. Je ne vois dans tous ces mots vagues qu'une déclamation hors de saison : je n'y trouve rien qui ait le moindre rapport ni avec le *jubilé*, ni avec le *magnétisme*. Mais, comme l'a très-bien observé l'un des plus judicieux de nos journaux : *Non erat hic locus*. Ne pourrait-on pas justement appliquer à tout ce fatras peu évangélique ce que disait le marquis *d'Argens* au sujet des flagellations de certains moines : Eh! qu'ont de commun les f.... d'un c.... avec le paradis?

FIN.

PIÈCES JUSTIFICATIVES.

P. S. Au sujet du mandement de monseigneur l'évêque de Moulins j'ai promis de mettre à la suite de mon ouvrage des pièces justificatives pour prouver que le magnétisme ne conduit point au matérialisme ni à l'immoralité, qu'il en est au contraire l'ennemi déclaré.

Ces pièces sont inutiles pour les lecteurs impartiaux, de bonne foi et d'un sens droit; mais il n'en est pas ainsi des hommes de parti et de ceux qui nieraient la lumière même en plein midi, si elle ne venait à grands flots frapper leurs yeux. Je les avertis que quoiqu'elles n'aient pas l'authenticité qui les ferait prévaloir en justice, elles devraient néanmoins exciter leur curiosité et les déterminer à s'assurer de leur réalité avant de se prononcer si légèrement. Je connais plusieurs personnes aussi incrédules qu'ils pourraient l'être, qui n'ont pas tardé de se rendre à l'évidence. Quel homme au reste oserait se flatter de connaître tous les secrets de la nature?

Je vais commencer par la définition du fluide magnétique, suivant notre somnambule. J'ai eu bien de la peine à me la procurer, et si je l'avais eue au commencement de mon ouvrage, il aurait été bien différent de ce qu'il est et plus digne de son sujet. N'ayant pas le temps de le recommencer, et pressé par des circonstances impérieuses, je le livre tel qu'il est : je prie seulement le lecteur de croire que je n'ai eu que de bonnes intentions en le composant, et le désir d'être utile.

Définition du Fluide magnétique.

Lorsque Dieu forma le premier homme, il eut la ferme volonté qu'il fût parfaitement semblable à lui-même ; car le premier homme n'était composé que de pur esprit et non de matière ; il ne devint *tel* qu'à sa désobéissance aux ordres que Dieu, son créateur, lui avait prescrits. Dieu, dis-je, ayant formé l'homme, et s'étant assuré qu'il était dans l'état de perfection, il le vérifia par sa propre volonté, et donna la liberté à cet esprit sous la forme d'un corps, par l'imposition des mains ; la circulation s'établit dans tout ce qui le constituait : j'ai dit *l'imposition des mains,* car Dieu avait pris lui-même la forme qu'il voulait que l'homme eût. Son ouvrage achevé, il lui recommanda de lui être soumis comme tout ce qui l'entourait devait le lui être. L'homme devait aussi contribuer, sur la terre première qu'il habitait, à tout le bien qui devait se présenter à lui de faire.

Dieu avait tout créé, mais, pour éprouver celui qu'il plaçait comme second lui-même, il avait laissé des choses imparfaites, voulant que ce fût son second qui les perfectionnât comme il le voudrait. Or donc la volonté de l'homme était libre d'agir sur tout ce qui lui plaisait ; aussi le fit-il : il travailla à une espèce d'organisation que Dieu commença à désapprouver. Chacun des objets créés par Dieu n'était enveloppé que d'une faible pellicule ; je veux dire les règnes animal et végétal. Le règne animal n'avait qu'une pellicule et non une peau comme est la nôtre actuellement ; de même que le genre végétal n'était point entouré de cette écorce qui le garantit des frimas ; tout ceci ne vint qu'après que l'homme eut désobéi à Dieu. En laissant naître en lui le désir, il le rendit par-là susceptible de régénération et de devenir mortel.

Dieu ne voulant pas que l'objet qu'il avait créé le plus perfectionné restât entièrement anéanti et dépourvu de sa primauté sur tous les autres, sur lesquels il avait régné, il laissa *l'intelligence céleste entièrement en lui, et le sens intellectuel de plus que sur tous les autres.* Ce sens s'est communiqué de génération en génération ; en général il est continuellement alimenté par l'esprit que Dieu répand dans l'air, qui peut passer et pénétrer tous les objets qui existent. Ce même esprit universel *est dans tout plus ou moins ;* et c'est par l'intermédiaire de cet esprit qu'il existe entre tous les êtres une sympathie.

Dieu, par sa propre volonté, anima l'homme, et comme l'homme fut fait à son image, *cette même volonté régna en lui;* il la transmit à ses rejetons ; ce qui fait encore qu'il existe une sympathie dans la volonté, puisqu'elle dérive d'une seule *source.* Le même sang coule dans nos veines, et étant animés du même esprit et de la même volonté, il fait encore *que nous pouvons faire tout ce qui nous est possible.* La sympathie de deux êtres fait à l'esprit qui anime leur sang l'effet d'un aimant sur le fer : celui qui en renferme le plus domine celui qui en a le moins, et par conséquent il augmente sa force ; et comme la première volonté vient de Dieu, elle ne peut qu'*être bonne et toujours tendue vers le bien;* c'est ce qui fait qu'elle le produit toutefois que c'est cet esprit universel qui la dirige.

Dieu ayant *reconnu Jésus pour son fils,* il le doua du *pur esprit* qu'il avait primitivement composé. Cette volonté dont je parle *régna fortement en lui,* et l'esprit universel de même, quoique enveloppé de matière ; il prouva que sa volonté suffisait pour produire de grands effets par *ce que l'on appelait des miracles,* et qui n'étaient autre chose qu'un pur effet naturel *d'une ferme volonté bien soutenue.*

Jamais les passions des hommes impurs n'auraient pu traverser l'esprit universel qui règne dans toute sa gloire ; cependant un homme tel produirait de semblables effets, plus inférieurs il est vrai, mais qui seraient analogues au siècle où nous sommes ; car cette volonté et cet esprit dégénèrent de siècle en siècle. *Dieu l'a renouvelé dans la personne de Jésus.* Je ne connais pas d'autre fluide que le fluide primitif ; et *il ne peut y en avoir d'autre*, puisque tout mortel humain le possède, et qu'il est à même, par son intelligence, de l'exercer toutefois que c'est pour le bien ; jamais Dieu ne refuse à l'homme le moyen de le faire.

L'homme devenu mortel rendit tout ce qui l'entourait susceptible de devenir mortel. L'homme a sans cesse sous les yeux des exemples auxquels il doit s'attacher ; le soleil, par exemple, suit toujours son cours sans jamais s'en écarter : exemple divin pour l'homme, il doit l'imiter ! Le soleil fut créé par Dieu pour vivifier et animer tout ; par conséquent il ne fait que du bien : exemple divin pour l'homme ! L'homme qui veut être orgueilleux et incroyant, qu'il s'arrête un instant devant cet astre et qu'il se mesure : il reconnaîtra bientôt son abaissement et son impuissance. L'audacieux ne peut non plus porter sa vue sur lui sans être forcé de se rabaisser. Tout sur la terre est créé par Dieu, et rien ne doit, aux yeux de l'homme, paraître méprisable ; l'insecte , le reptile même doit être regardé aussi bien que le premier des êtres, et il ne doit pas le fouler aux pieds ; car qu'est-il lui-même, lorsque cette même volonté et cet esprit l'ont abandonné? Il devient la proie de ces reptiles qu'il a tant méprisés. Eh! ne sait-il pas bien qu'il porte intérieurement en lui *le prin-cipe de sa destruction?*

L'homme est placé sur cette terre pour y suivre un chemin qui d'avance lui est tracé ; s'il s'en écarte, il précipite le moment de sa ruine ; car l'homme qui suit toujours les douces et pures inspirations que ce Dieu si bon lui envoie ne s'en écarte jamais ; et s'il lui survient quelques peines, *c'est Dieu qui le veut,* afin qu'il sente mieux le bonheur qu'il lui prépare dans un temps qu'il a limité.

Pour vous faire sentir comment l'esprit universel, que vous nommez *fluide,* peut passer d'un corps dans un autre par l'effet de la pure volonté, réprésentez-vous l'esprit étant renfermé en vous, comme est l'esprit dans une liqueur : vous pouvez le faire passer d'un corps dans un autre par l'effet de la volonté qui anime votre sang ; de là vient qu'il s'échauffe ; votre volonté le fait porter au bout de vos doigts, il s'échappe comme poussé par cette chaleur, il s'évapore, et le corps sur lequel votre volonté le dirige l'attire à lui, semblable à un bocal renfermant une liqueur forte en esprit; mettez du feu dessous, il s'anime et bientôt monte au goulot; présentez-lui un corps semblable, mais vide, il s'y précipitera avec force. Eh bien! le même effet étant semblable à tout ce qui est esprit, est invisible aux yeux de l'homme; car je lui défends de voir distinctement dans du vin l'esprit qu'il renferme; de même qu'il s'évapore sans qu'il le voie, le fluide lui ressemble : il s'échappe de nos doigts et passe où il est dirigé sans être visible, du moins pour l'homme dans son état ordinaire, mais *bien visible dans l'état naturel.*

Le Dieu tout-puissant, père de toute lumière, ne permet pas que tous les hommes jouissent du même privilège; il veut que l'homme reste dans une lumière propre à l'affermir dans le chemin de la vertu, et rien de plus; car dans l'état naturel (qui est celui où je suis), rien dans la nature n'est voilé pour moi; mais comme c'est par Dieu que je parle, je ne puis dire que ce qu'il me dicte. La connaissance est tout entière en moi, et Dieu ne veut pas même, moi qui en jouis, que le souvenir m'en reste; à plus forte raison que je le transmette à d'autres.

Attirons toujours sur nous, par notre conduite, la clémence de Dieu et non sa justice.

Après le lumineux développement du fluide universel, développement qui doit jeter une si grande lumière sur le magnétisme, voici les questions qui furent adressées à notre somnambule :

D. Le premier homme fut-il créé dans l'état naturel où vous êtes maintenant (celui du somnambulisme)?

R. L'homme que Dieu créa à son image fut tout spirituel. Il n'était ni visible, ni palpable, et il exista fort long-temps. Je dis qu'il existait, parce qu'il avait une existence, mais non un corps ou matière, et ce ne fut que long-temps après qu'il en eut un, mais pur. Dieu seul resta universel, et l'homme spirituel resta individuel. Son état de spiritualité le mettait à même de tout voir, tout connaître ; mais de ne pouvoir influer sur rien ; et ce n'est que lorsqu'il se vit concentré qu'il connut son infériorité et celui dont il avait été primitivement l'image. Dieu voyant en lui le désir de se manifester, surtout celui d'influencer, il lui accorda primitivement de régner visiblement sur la terre première, se réservant les trois autres éléments, les trois qui devaient vivifier, alimenter et faire produire l'autre ; c'est alors que Dieu laissa l'homme spirituel, seul de sa nature, mais entouré chaque jour par de nouveaux objets qui prenaient de la vie et des formes différentes. Enfin crut le règne animal qui, quoique beaucoup inférieur au Dieu-homme, était spirituel et corporel. C'est en cet état de choses que le Dieu spirituel, corporel et terrestre était, lorsque le Créateur vit qu'en lui naissait un désir plus grand que le précédent, il dé-

sirait pouvoir , puisque Dieu avait pu le faire primi-
mitivement à son image , il désira pouvoir faire de
même , c'est-à-dire un être semblable à lui. Mais
Dieu ayant voulu , et voulant maintenir une limite
entre lui et celui qui avait des désirs , il ne lui permit pas de le faire sans son intermédiaire , et ce fut
la femme que Dieu forma et non l'homme , et lui
permit , ou plutôt jeta en lui le germe de génération et tout le règne animal le reçut en même temps,
et la terre commença à produire le règne végétal , et
Dieu fit usage des trois éléments , car ils devenaient
nécessaires aux productions de la terre qui devenait
pour toujours la nourriture de tous les êtres et animaux qu'elle porterait.

Voici le résultat d'une autre séance :

D. Dieu est-il partout comme esprit invisible , ou
doit-on se le figurer au ciel , sous forme humaine,
puisque l'homme a été créé à son image ?

R. Il faut vous reporter à ce que j'ai dit relativement à l'homme spirituel , et vous verrez que Dieu
a voulu que chaque être le vît dans son semblable ,
dégagé toutefois de tout ce qui tient à la matière ,
c'est-à-dire ne contempler en l'homme que toutes
ses facultés spirituelles , et vous verrez que par ce
moyen Dieu est partout ; car Dieu n'est autre qu'un
esprit incorporé dans toutes choses , un esprit qui
s'incorpore et s'évapore sans se perdre jamais. On ne
doit considérer en l'homme , comme image de Dieu,
que ses facultés spirituelles ; car on ne peut compa-

rer à Dieu que tout ce qui est inaltérable, et l'esprit universel seul l'est inaltérable.

La matière dont l'homme spirituel est enveloppé fait qu'il tient à la terre et que sa vue spirituelle est continuellement obstruée. Avant qu'il n'eût cette enveloppe, aucun des travaux de la nature ne lui était inconnu : sa vue ne rencontrait aucun obstacle ; enfin il était en tout l'image parfaite de Dieu ; mais depuis qu'il s'est enveloppé de matière, sa vue est bornée ; il rencontre partout des obstacles ; il touche des objets qu'il ne sent pas ; comme il regarde, il croit voir et ne voit pas : d'épaisses ténèbres qui accompagnent la matière obscurcissent l'éclatante lumière spirituelle, et les objets ne paraissent plus ce qu'ils sont, c'est-à-dire que l'homme ne voit plus que leur enveloppe et non leur ame. Les objets sont à ses yeux ce qu'il est lui-même aux yeux des autres.

Au résumé, Dieu est un, divisé et existant en toutes choses. C'est tout ce que je puis vous dire relativement à l'existence de Dieu. Il ne serait pas Dieu s'il n'était partout. Tout l'univers entier qui le constitue fait qu'il n'est qu'un ; et n'étant qu'un, rien ne peut le détruire, car rien ne se détruit soi-même.

Je ne me permettrai aucun commentaire sur ce qu'on vient de lire : j'exprimerai seulement mes regrets de ne pouvoir m'étendre davantage et mettre au jour toutes les lumières qui pourraient dissiper les ténèbres qui enveloppent encore la science du magnétisme. Au reste, le peu qu'il m'a été possible de faire connaître est suffisant pour exciter l'intérêt, la curiosité et les plus sérieuses réflexions.

Ce que je vais ajouter, extrait de quelques consultations données par le même somnambule, achèvera de convaincre que le magnétisme ne favorise ni l'athéisme, ni le matérialisme, et qu'il n'est pas une école d'immoralité et de débauche, reproche que lui adressent l'ignorance et la mauvaise foi.

Iᵉʳ EXTRAIT.

La puissance céleste est la plus grande et la seule au-dessus de tout ; la seule qui ne puisse être balancée par d'autres, puisque c'est d'elle que tout dérive et d'où tout émane. Toute autre puissance n'en est plus une si elle ne dérive ou ne se rattache à la première.

Comme il n'est qu'un seul être tout-puissant, tous les autres dérivent de lui ; ils sont tous égaux et ont autant de puissance les uns que les autres devant lui : ceux qui s'en arrogent davantage ne sont point secondés par lui, parce que cette puissance ne peut être que fausse et factice. Tous les êtres sont nés égaux et libres. Nul, devant Dieu, n'a droit de commander à l'autre. Il n'y a qu'un père, qui est Dieu, et qu'une seule famille, et cette famille ne doit être gouvernée que par celui qui en est le véritable chef, etc. . . . .

Après ce préambule il ordonne au malade l'u-
sage d'huile de *goujons*. Après avoir enseigné
la manière d'extraire cette huile, voici ce qu'il
en dit, et que je ne transcris qu'à cause des vertus
extraordinaires qu'il lui attribue :

« Cette huile est divine dans ses effets. L'animal
« d'où elle sort provient du germe répandu par Dieu
« dans son élément liquide. Cette espèce de poisson
« n'a nullement été croisée comme toutes celles de
« l'élément terrestre ou ferme ; elle s'est toujours
« alimentée de sa primitive substance ; aussi est-elle
« exempte de toute corruption humorale ; ce qui,
« au contraire, est presque général dans l'espèce
« terrestre, sans en excepter l'homme, qui pourtant
« est fait à l'image du Créateur, mais qui n'est que
« plus enclin à la corruption ; parce que la raison
« dont il est doué n'est mise en usage par lui que ma-
« tériellement, et qu'il se crée par-là des besoins
« contre nature, qu'il désire et prend des aliments
« corruptibles qui graduellement changent toute sa
« nature primitive : par-là rien ne reste pur en lui que
« l'esprit, mais qu'il n'est plus capable d'écouter.

« Ainsi tout ce qui constitue l'espèce terrestre,
« ou qui tient à la terre, est totalement changé,
« jusqu'aux végétaux mêmes que les hommes ont
« fait dégénérer en les forçant à croître où ils ne
« devaient pas, et en les confondant ensemble ; tant
« il est vrai que si l'homme eût pu, il eût renversé
« toutes les règles de la nature, et il le ferait encore

« s'il le pouvait. Chaque besoin pourtant qu'il se
« crée est une peine de plus, non-seulement pour
« lui, mais pour les générations qui suivent. Eh !
« combien ne s'en est-il pas créé depuis sa forma-
« tion, si l'on se reporte à son état primitif, non
« comme homme spirituel, mais comme homme ter-
« restre et même matériel, ce qui fut pourtant bien
« long-temps après l'autre ! C'est par tous ces mêmes
« besoins que l'homme s'est rendu esclave, qu'il a
« perdu de lui-même sa liberté et méconnu ses vé-
« ritables droits d'homme ; car on n'avilit pas impu-
« nément le plus parfait ouvrage du Créateur en
« rampant devant son égal, etc. »

IIe EXTRAIT.

Partout la nature est la même ; partout elle est
également vivifiée, parce qu'elle est partout sous
la même influence, que le mobile de l'esprit universel la frappe et l'éclaire partout, soit directement, soit par réflexion : toutes ces productions
s'en imprègnent, mais du plus au moins ; parce
que la nature n'accorde que le juste nécessaire,
et approprié à chaque chose : elle ne saurait être
universelle sans cela : elle doit donc être dominante
et jamais dominée, sans quoi elle ne suffirait plus
à tout. C'est par cette domination divisée que son
équilibre se soutient et se soutiendra toujours. Elle
abandonne l'objet trop avide qui veut en posséder plus
qu'il ne lui en appartient, ou qui abuse de la portion

qu'il possède. Elle nous a donné ce juste nécessaire comme étant la mesure juste du niveau : vouloir l'augmenter dans les végétaux ou la retrancher, c'est les faire également périr. Le même effet se produit également en nous.

Lorsque l'on connaît un seul Créateur de toutes choses, on doit croire qu'il n'a rien créé d'imparfait, que nul ne peut être plus juste que lui, puisqu'il est le niveau, *la base et le centre interne et superficiel* de toutes choses. Aussi la justice n'appartient qu'à lui, et Dieu l'a placée dans la conscience de l'homme afin d'être son propre juge et non celui de son semblable, car il n'a juste que ce qu'il lui faut de facultés pour se pouvoir juger lui-même ; et s'il se juge, il ne lui appartient pas de se punir lui-même ; il espère son pardon de Dieu, car sa conscience lui dit qu'il peut encore l'obtenir. Eh ! comment peut-il lui-même faire ou faire faire à un autre ce qu'il n'a pas le droit de faire lui-même ! L'homme, dans ce cas, offense non-seulement la nature, mais son auteur, en détruisant son plus parfait ouvrage. Il le détruit matériellement, mais spirituellement jamais ; car cette vie est Dieu lui-même, et par conséquent elle est autant indestructible qu'éternelle. Oh ! oui, la matière appartient à la nature et l'esprit à Dieu, et le châtiment est terrible à quiconque offense et devient indigne de l'un et de l'autre ; et combien la récompense est grande pour ceux qui ont toujours suivi la voix de Dieu, dont la conscience est l'écho ! etc. . . . .

. . . .

(63)

IIIᵉ EXTRAIT.

Croyons toujours en Dieu, en sa divine influence
sur nous tous comme en celle que nous avons sur
nos semblables, et qu'en voulant faire le bien, Dieu
joint sa volonté à la nôtre ; c'est alors qu'on devient
intermédiaire entre Dieu et son semblable : on sert
de conduit à l'influence divine, ou fluide, pour le
transmettre à l'être souffrant. Dieu le veut ainsi
pour l'*humaniser*, afin que ce qui n'est plus qu'impur ne reçoive les impressions trop fortes du fluide
directement émané de lui. Dieu a placé cette faculté
en l'homme, pour l'élever à ses propres yeux à sa
hauteur, etc. . . . .

. . . .

IVᵉ EXTRAIT.

Les mouvements circulaires du sang se font avec
plus de rapidité, ce qui le fait se renouveler sur
tous les points. Sa chaleur est forte, mais égale partout, et sa masse est répandue également partout,
ce qui revivifie les parties nobles et donne plus d'ex-
tension aux fluides et aux sucs spiritueux des sens,
c'est-à-dire qu'ils se portent davantage dans les ca-
naux, et qu'ils alimentent mieux les organes qui en
dépendent. Ces sucs sont, pour les sens, ce que
l'humide est pour les végétaux ; sans eux, ils per-
dent leur sensibilité et leur fraîcheur : tels sont les
végétaux qui, sans l'humide, se dessèchent et

meurent. Ces mêmes sucs existent dans chaque substance qui nous constitue ; lorsqu'ils quittent une partie du corps, ils produisent le même effet que sur un arbre, la partie meurt comme la branche, et cependant le corps reste sain ; dans l'un elle se reproduit, et dans l'autre elle se revivifie, tant que le principe vital reste assez fort pour se réincorporer en elle. Tels sont les maux que la corruption a fait germer en nous ; car, avant elle, les corps humains en étaient exempts : tout restait comme il avait été créé, et ne devait jamais finir. Cette corruption ne s'est pas enracinée seulement en nous, mais en tout ce qui est à notre disposition, comme animaux et végétaux. Les premiers sont nourris selon nos volontés et dirigés de même, et les végétaux ne sont plus, pour ainsi dire, gouvernés par la nature. Tout cela enracine de plus en plus la corruption en nous ; de là est venue la putréfaction, la corruption de l'air, et par conséquent de tout ce qui ne peut vivre sans lui : nous la respirons depuis notre naissance jusqu'à ce que nos forces constitutives en soient entièrement maîtrisées, alors c'est elle qui domine : la vie nous quitte et la putréfaction s'empare de ce qui reste de nous. Voilà le véritable démon ennemi de nous-mêmes ; il s'attache à nous en naissant, et nous fait descendre graduellement avec lui dans le néant. Une seule chose n'est pas en son pouvoir de corrompre, c'est la portion divine qui les anime ; car elle nous quitte aussi pure qu'elle est entrée en nous : car l'air n'est point l'esprit universel, mais bien son intermède pour pénétrer partout. Les limites sont là, et je m'y arrête. J'en ai dit beaucoup, mais j'en ai vu et j'en vois bien plus encore. Il y a des limites pour la voix, il n'y en a point pour la vue céleste. Faites-vous l'image de tout ce qui vous paraît le plus beau à voir tant par l'éclat que le brillant des lumières; et vous n'en sauriez approcher, car l'imagination ne peut rien créer de semblable, etc.....

Ve EXTRAIT.

Une personne qu'on magnétisait ayant éprouvé une crise dans son sommeil, on interrogea notre somnambule pour savoir si cette crise serait utile, et comment on devait se conduire si elle se renouvelait. Il répondit :

Le sens somnifère se démasquant, les substances qui lui sont propres parviennent jusqu'à lui; ce qui établit entre lui, le sang et la portion d'esprit universel un équilibre qui deviendra de plus en plus parfait. Le sens somnifère et le sens intellectuel ne faisant qu'un, partagé en deux parties égales par l'esprit universel, le premier assoupit les autres sens et annule les facultés matérielles; le second veille à leur conservation. Sans lui le sommeil serait éternel, et l'annulation de la nature le serait aussi : or, cet équilibre augmentant graduellement en perfection, la lucidité se développera avec la même force que le degré de l'équilibre sera haut; et ce que vous avez éprouvé n'est autre chose que ce que je viens de décrire : c'est ce qu'on éprouve jusqu'à ce que les deux sens soient d'égale force, et il faut se donner de garde d'empêcher que ce combat ne s'achève : Dieu, qui règne tout entier dans ces deux sens, comme dans les deux seuls qui n'appartiennent pas à l'homme ; Dieu, dis-je, n'opère en eux que des effets salutaires ; effets propres à le dégager, autant qu'ils le doivent, de la partie hétérogène, pour se renforcer et s'élever à la région spirituelle. C'est à cette région que l'homme se trouve replacé où il était primitivement, région où il peut tout voir, et par conséquent tout prévoir, etc.......

VIe EXTRAIT.

C'est l'esprit universel qui alimente et vivifie les fluides ; son effet est aussi incompréhensible pour l'homme, que l'effet de ce qu'il appelle l'air sur le mercure renfermé dans un tube ; car l'esprit universel produit sur lui un effet qui lui semble tout contraire à ce qu'il devrait être, puisqu'il monte lorsqu'il semble qu'il devrait descendre, et descend quand il devrait monter. L'homme ne connaît pas les affinités de chaque chose ; tel, il ne connaît pas ce qui se passe en lui-même, et c'est la base générale de toutes choses qu'il possède en lui-même, et qui, en se connaissant bien, lui donne la connaissance de toutes choses. Il ne peut rien apprécier avec justesse s'il ne peut s'apprécier lui-même, d'autant qu'il est la plus parfaite de toutes choses, et pour qui toutes les autres ont été créées. Il est des fluides de tous les règnes; ils changent de nature, mais ils ont tous la même affinité; ils circulent dans les corps même les plus opaques, sans que rien les arrête, parce que ces mêmes corps sont purs quoique mélangés de plusieurs substances, mais non par aucune volonté comme en nous où, suivant notre volonté, nos sens s'animent; la chaleur devient plus ou moins forte et par conséquent variable, et les fluides, comme production spirituelle, sont plus ou moins contrariés en leurs mouvements. Une fois dérangés de leur marche habituelle, ils ont beaucoup de peine à la reprendre, parce que la volonté présente est aussi forte que celle passée, et qu'étant tout autant influente, elle est toute-puissante sur nous-mêmes, etc.

VII.ᵉ EXTRAIT.

Il paraît que cette consultation regarde le somnambule lui-même.

L'organe ou l'interprète des volontés et des lumières de Dieu n'est pas moins sous l'influence des funestes préjugés que les autres hommes, parce qu'il n'est pas moins sous l'influence terrestre ou matérielle, et que cette faculté intellectuelle n'est que passagère en lui. Il apprécie davantage toute l'étendue de cette fatale erreur, et voit mieux que tout autre l'abîme où ses faiblesses le conduisent. Il se crée des maux qu'il se plaît à entretenir, et par là le vrai bonheur est remplacé par un autre uniquement chimérique ; car tel est celui qui ne se fait sentir que dans les sens : au lieu que le vrai bonheur nous vient par l'influence céleste et sympathique ; celui-ci est durable, parce qu'il est tout spirituel et commandé par la nature ; la combattre, c'est travailler à sa perte, et agir contre elle et la volonté de son auteur. Cette sympathie n'est visible que pour quiconque est frappé des rayons de la vraie lumière ; elle unit invisiblement les êtres, et les fait se rechercher et se rejoindre pour s'unir, sans que leur volonté y prenne part. C'est alors que leur vie divisée dans deux corps, soit semblables ou différents, il ne dépend plus d'eux de les désunir, puisque c'est Dieu qui les a faits l'un pour l'autre : aussi la vie temporelle suit-elle de près celle de l'autre.

Ces funestes préjugés empêchent que cette loi divine soit connue des êtres. Ils obéissent à la matière avant que l'esprit ait parlé ; ils s'enchaînent matériellement ; et quand l'esprit parle en eux, ils n'ont plus la force de lui obéir : ils respectent l'union matérielle approuvée des hommes, et rejettent l'union spirituelle émanée de Dieu : ils craignent de porter atteinte aux lois des hommes, et ne craignent pas d'offenser leur créateur, auquel ils doivent tout, et qui seul a le droit de lier l'avenir d'un être à celui d'un autre.

A Dieu seul appartient de voir dans chaque intérieur ; et c'est parce qu'il voit en moi que je puis, en cet état, voir dans mes semblables ; et comme il est le flambeau inaltérable de vérité, il me fait voir les objets et les choses tels qu'ils sont chez les autres, à plus forte raison plus sévèrement en moi-même. Je ne vois rien en moi qui soit contre la volonté de Dieu et les lois divines de la nature, et cependant dans mon autre état je souffre comme si j'étais coupable ; et sur ces souffrances - là les remèdes terrestres n'ont aucun pouvoir ; ils n'en ont que sur le physique, et le mien n'est affecté que par le moral. Ah ! pourquoi ne suis-je pas toujours dans cet état ? je souffrirais des maux des autres, mais du moins je jouirais du bonheur de soulager.

(Vient ensuite la prescription des remèdes dont il a besoin.)

VIIIe EXTRAIT.

M. Barrouyer, dont j'aurai occasion de parler bientôt, avait fait l'éducation somnambulique de notre somnambule ; il conservait toujours sur son élève la plus grande influence. Quoiqu'ils se vissent rarement, il continuait d'exister une telle sympathie entre leurs fluides, que ce que je vais raconter étonnera même les personnes les plus convaincues des effets merveilleux du magné-tisme.

Le somnambule était occupé à donner une con-sultation, lorsque tout à coup il s'arrête et pro-nonce ces paroles (M. Barrouyer venait de mourir ou il expirait dans le moment) :

Les décrets de Dieu sont immuables. Vous avez connu le bon, l'estimable et pur ami Barrouyer : Dieu l'a retiré de parmi nous : sa vie terrestre est finie : il erre dans l'immensité pour parvenir à la région élevée où Dieu l'attend. Comme frère et homme matériel, il faut regretter sa perte ; mais comme homme spirituel, il faut se soumettre aux volontés suprêmes et se dire : Il a plu à celui qui donne la vie de la lui ôter pour ne plus vivre parmi nous, mais pour exister indéfiniment avec lui. Cependant Dieu ne l'appelait pas si tôt. O funeste préjugé des hommes, qui leur fait croire qu'ils peuvent faire autant que Dieu ! Enfin, il n'est plus pour nous. Son fluide existe encore ; il est en moi et sur bien d'autres à qui il a fait du bien : que Dieu le lui rende ! car c'est toujours par amour pour lui et pour son semblable qu'il l'a fait. C'est à lui que je dois tout celui dont je jouis et que j'ai pu faire, témoin celui dont vous jouissez. Les larmes de reconnaissance sont le plus doux hommage qu'on puisse rendre à de tels êtres, etc.

OBSERVATIONS.

J'aurais pu mettre sous les yeux du lecteur un plus grand nombre d'extraits semblables, tous pris dans les consultations du même somnambule, mais j'ai cru devoir me borner à ceux qu'on vient de lire, parce qu'ils m'ont paru suffisants pour convaincre de l'importance du magnétisme. Je les ai qualifiés de pièces justificatives : j'avoue qu'ils ne le seront que pour les personnes initiées dans la science du magnétisme, ou qui ont été témoins de quelques-uns de ses effets merveilleux. Quant à ceux qui nieraient la lumière, même en plein midi, et qui croient que des sarcasmes et des plaisanteries sont des réfutations, je leur conseille, avant de porter un jugement, de s'assurer s'il est vrai que des savants distingués dans tous les pays s'occupent sérieusement de cette science, si, même à Paris, beaucoup de médecins n'en sont pas les partisans. S'ils acquièrent cette vérité, oseront-ils traiter de chimère et de charlatanisme ce qu'ils dédaignent de soumettre à leur superbe investigation? Au reste, je puis leur assurer que, dans ce moment, les épouses de quatre célèbres médecins se font traiter par des somnambules. Il est entendu que madame Recamier ne fait pas partie de ce nombre, par la raison que le docteur son époux redoute trop les effets d'un magnétisme administré de trop près.

Ce qui a procuré des ennemis au magnétisme, ce qui a augmenté le nombre des incrédules, c'est, comme je l'ai déjà dit, que dans le grand nombre de ceux qui s'en occupent, les uns n'ont pas assez d'instruction, les autres ne sont pas guidés par des intentions pures; ceux-ci en font un objet de spéculation, et ceux-là de simple curiosité : livré à de semblables adeptes, il ne peut que rester long-temps stationnaire.

J'ai également avancé que non-seulement tous les somnambules n'étaient pas doués du même degré de lucidité, mais encore qu'il y en avait dont elle était mêlée de tant de ténèbres, qu'elle devenait plutôt nuisible qu'utile. Si on joint a cela les faux somnambules mis en avant par l'intrigue de vils spéculateurs, on aura une idée d'une partie des difficultés qui s'opposent à l'adoption, aux progrès et au perfectionnement d'une découverte si avantageuse à l'humanité.

Il n'y a pas de doute que l'académie royale de médecine ne fût pénétrée de ces vérités, quand elle a nommé des commissaires pour s'en occuper, et lui faire le rapport de ses expériences : si celles-ci sont bien dirigées, le rapport sera favorable, il n'y a pas lieu d'en douter. Alors le magnétisme reconnu comme un des moyens les plus sûrs de guérir les maladies dont l'homme est affligé, sa pratique sera autorisée, et un règlement sage l'arrachera des mains impures et inhabiles qui l'exercent, pour ne la confier qu'à des hommes sages, probes et instruits. Je suis bien éloigné de vouloir comprendre dans cette proscription tous ceux qui dans ce moment s'en occupent, car je n'ignore pas que la plupart ne sont animés que de l'amour du bien public.

J'ai promis de revenir sur feu M. Barrouyer, à la mémoire duquel est consacré le huitième extrait. Je vais remplir ma promesse avec d'autant plus d'empressement, que ce que j'ai à dire de ce savant ne contribuera pas peu à dissiper quelques erreurs, et à jeter une grande lumière sur le sujet que je traite.

Ce savant, qui avait reçu toutes les vertus en partage, et dont la perte a été si sensible à tous ceux qui l'avaient su apprécier, avait fait l'éducation somnambulique de notre somnambule. Celui-ci à son tour avait perfectionné la sienne dans le magnétisme; il lui avait appris que sa lucidité ne venait que de ce que sa substance spirituelle se trouvait dans le sommeil qu'il lui procurait, dégagée de la substance matérielle; que la première alors se trouvant débarrassée de ses entraves pouvait se porter partout, pénétrer et lire dans l'intérieur des corps; qu'il n'y avait pour elle ni temps, ni lieu, ni distance, etc.

La grande pratique de M. Barrouyer lui avait appris qu'il ne suffisait pas d'être somnambule pour jouir d'une lucidité parfaite. C'est l'esprit, disait-il, et non le corps qui est susceptible d'instruction; ainsi le somnambule, ou plutôt sa substance spirituelle, a besoin d'une éducation suivie et soignée pour arriver à une véritable lucidité. En effet, de même que dans l'état ordinaire les hommes qui ont reçu plus ou moins d'éducation sont plus ou moins clairvoyants en raison de l'éducation qu'ils reçoivent ; de même encore que les hommes, quoique ayant reçu les mêmes instructions, ne sont pas également profonds dans les connaissances qu'on leur a enseignées ; de même dans les somnambules se fait apercevoir la même différence : de là il faut conclure que la lucidité ne se trouve pas dans une égale perfection. La grande expérience de M. Barrouyer lui avait encore appris la marche qu'il était indispensable de suivre dans cette éducation. Voici ce qu'il avait remarqué :

« Le magnétiseur, disait-il, s'adresse à la partie spirituelle du somnambule ; or, la substance spirituelle étant celle qui domine et qui commande la matérielle, le magnétiseur doit avoir les plus grands égards pour son somnambule ; il doit, pour ainsi dire, faire sa volonté, quoiqu'il semble le diriger. Il ne doit avoir en vue que le bien de l'humanité ; ses intentions doivent être pures. Il doit bien se garder de le fatiguer de questions qui n'auraient pour but que la curiosité ou la frivolité. Loin de le contrarier et de vouloir le forcer, il doit au contraire user envers lui des plus grands ménagements : mais combien s'écartent de cette voie ! Si les magnétiseurs ordinaires la suivaient, bientôt le magnétisme et le somnambulisme parviendraient au plus haut degré de considération. »

FIN.